Mario Atao Tello

Agricultura sustentable y sostenible

Mario Atao Tello

Agricultura sustentable y sostenible

Efecto de cuatro tiempos de refrigeración en la vida de dos tallos de florero (Heliconia bihai y psitacorum)

Editorial Académica Española

Imprint
Any brand names and product names mentioned in this book are subject to trademark, brand or patent protection and are trademarks or registered trademarks of their respective holders. The use of brand names, product names, common names, trade names, product descriptions etc. even without a particular marking in this work is in no way to be construed to mean that such names may be regarded as unrestricted in respect of trademark and brand protection legislation and could thus be used by anyone.

Cover image: www.ingimage.com

Publisher:
Editorial Académica Española
is a trademark of
Dodo Books Indian Ocean Ltd., member of the OmniScriptum S.R.L Publishing group
str. A.Russo 15, of. 61, Chisinau-2068, Republic of Moldova Europe
Printed at: see last page
ISBN: 978-620-3-58856-9

RECONOCIMIENTO

Nuestro sincero agradecimiento a todas las personas e instituciones que han contribuido en la cristalización del presente trabajo de investigación, particularmente:

1. A la Universidad Nacional Daniel Alcides Carrión, Facultad de Ciencias Agropecuarias, Escuela de Formación Profesional de Agronomía – Filial La Merced; por habernos albergado y haber hecho posible nuestra formación académica a través de las enseñanzas impartidas por los docentes.

2. A la Central Café y Cacao del Perú por la donación de las flores para la realización el presente trabajo de investigación.

3. A nuestro Ing. Iván SOTOMAYOR CÓRDOVA, por brindarnos su tiempo, conocimientos y apoyo para la realización de este trabajo de tesis.

4. A nuestros compañeros de clase, con quienes compartimos gratos momentos durante nuestra vida universitaria.

5. A nuestros hermanos y familiares, quienes confiaron en nosotros siempre.

RESUMEN

Las heliconias son plantas asombrosas; la importancia principal de este grupo taxonómico está en su popularidad como plantas ornamentales por lo llamativo de sus inflorescencias, las variadas y fantásticas formas, brillantes colores y tamaños variados de las diferentes especies, son importantes elementos para la floristería, especialmente preciado para arreglos grandes y exclusivos por su larga vida después del corte y su resistencia a la manipulación. El objetivo del presente proyecto fue: Evaluar el efecto de cuatro tiempos de refrigeración en la vida de florero de tallos de dos especies de heliconia (*Heliconia bihai, Heliconia psittacorum*) en condiciones de Selva Alta – Chanchamayo. Los resultados del efecto de la refrigeración se presentan los siguientes resultados: la refrigeración por 18 horas para la *Heliconias bihai* y de 6 horas para la *Heliconia psittacorum* para varas florales de 30 cm. con la que se obtiene un máximo de 21 y 17,75 días de vida en florero respectivamente. La refrigeración por 24 horas para la *Heliconias bihai* y de 6 horas para la *Heliconia psittacorum* para varas florales con 3 brácteas con la que se obtiene un máximo de 23 y 15,75 días de vida en florero respectivamente. La refrigeración por 18 horas para la *Heliconias bihai* y de 6 horas para la *Heliconia psittacorum* para varas florales con tratamiento pos corte (hidratación) con la que se obtiene un máximo de 21 y 15 días de vida en florero respectivamente.

Palabras clave: Heliconia bihai, heliconia psittacorum

ABSTRACT

Heliconias are amazing plants; The main importance of this taxonomic group is in its popularity as ornamental plants due to the striking of its inflorescences, the varied and fantastic shapes, bright colors and varied sizes of the different species, are important elements for floristry, especially valuable for large arrangements and exclusive for their long life after cutting and their resistance to manipulation. The objective of this project was: To evaluate the effect of four refrigeration times on the vase life of stems of two species of heliconia (Heliconia bihai, Heliconia psittacorum) in conditions of Selva Alta - Chanchamayo. The results of the cooling effect are presented as follows: cooling for 18 hours for Heliconias bihai and for 6 hours for Heliconia psittacorum for 30 cm floral rods. with which a maximum of 21 and 17.75 days of vase life is obtained respectively. Refrigeration for 24 hours for Heliconias bihai and 6 hours for Heliconia psittacorum for floral rods with 3 bracts, with which a maximum of 23 and 15.75 days of vase life is obtained respectively. Refrigeration for 18 hours for Heliconias bihai and 6 hours for Heliconia psittacorum for floral rods with post-cut treatment (hydration) with which a maximum of 21 and 15 days of vase life is obtained respectively.

Keyword: Heliconia bihai, heliconia psittacorum

El cultivo de flores de corte con fines ornamentales es una práctica antigua de gran importancia cultural en Perú y otros países, donde es una tradición adornar los lugares de culto religioso, festivo y doméstico. Desde nuestros antepasados, se ha mostrado interés por las cualidades estéticas que presentan las flores, su arquitectura, colores y aromas.

Una de las formas de conservar y comercializar las flores son los arreglos florales y sus distintos diseños, ofrecidos por las florerías y los mercados locales. Particularmente, la demanda de flores cortadas y follaje depende principalmente de las fiestas y de ocasiones especiales como muestras de agradecimiento, cumpleaños, convalecencia de enfermedades, graduaciones, entre otras.

Las heliconias son plantas asombrosas; la importancia principal de este grupo taxonómico está en su popularidad como plantas ornamentales por lo llamativo de sus inflorescencias, las variadas y fantásticas formas, brillantes colores y tamaños variados de las diferentes especies, son importantes elementos para la floristería, especialmente preciado para arreglos grandes y exclusivos por su larga vida después del corte y su resistencia a la manipulación.

Las flores, como todo organismo vivo realizan funciones fisiológicas, y su muerte o senescencia comienza una vez cortadas. El precio del producto puede disminuir drásticamente por un mal manejo, dado que las características estéticas de las flores son las que les confieren su valor. Los comercializadores deben mantener y llevar al cliente final las flores con las características que presentaban al momento de ser cortadas. La senescencia se define como los cambios por deterioro que preceden la muerte de la célula, caracterizada por una intensa proteólisis, rápida desaparición de glucósidos, cambio en el balance de agua, elevación de etileno y disminución en la actividad respiratoria. Estos cambios en la célula están asociados con una disminución en el contenido de ácidos nucleicos y de la fuente de ATP, con el rompimiento de la estructura

mitocondrial y con cambios en la permeabilidad de la membrana. En las flores cortadas las causas más comunes de senescencia temprana son la inhibición de la absorción de agua, la pérdida excesiva de agua por mal manejo, el bajo abastecimiento de carbohidratos para sostener la respiración, la presencia de etileno y otros eventos metabólicos de la senescencia. Además, la etapa final de desarrollo se caracteriza por una declinación en el contenido de carbohidratos y del peso seco.

Durante los últimos treinta años el comercio de las flores de corte se ha globalizado completamente; flores y follajes de corte provenientes de todas partes del mundo son vendidos en ramos o combinados en arreglos y bouquets en los principales mercados como Norteamérica, Japón y la Unión Europea. El alto valor de exportación de las flores de corte ha conducido a una dramática expansión en la producción de muchos países, en particular Colombia. La producción de flores y follajes de corte puede ser altamente rentable en países con climas ideales de producción (como el Perú), y bajos costos de mano de obra.

INDICE

CAPITULO I

PROBLEMA DE INVESTIGACIÓN

CAPITULO II

MARCO TEÓRICO

CAPITULO III

METODOLOGÍA Y TÉCNICAS DE INVESTIGACIÓN

CAPITULO IV
RESULTADOS Y DISCUSIÓN

CAPITULO I

PROBLEMA DE INVESTIGACIÓN

1.1   Identificación y determinación del problema

La provincia de Chanchamayo presenta un gran potencial respecto de la diversidad de plantas; la especie heliconia es parte de esta gran diversidad cuyo atractivo radica principalmente en su tamaño y duración como flor cortada; sin embargo existe un escaso desarrollo del cultivo, producción y comercialización de Heliconias en la provincia de Chanchamayo.

La importancia principal de este grupo taxonómico está en su popularidad como plantas ornamentales por lo llamativo de sus inflorescencias, siendo a la vez, una característica importante para distinguirlas en el campo, dado su colorido y forma. Además, las variadas y fantásticas formas y los brillantes colores de las diferentes especies de heliconias, las convierten en un importante elemento de floristería, especialmente preciado para arreglos grandes y exclusivos.

Por ser un cultivo nuevo en nuestra cultura de Selva Central, es muy poco lo que se sabe acerca de esta flor; agronómicamente su manejo se ha dado más

1

por la perpetuación de técnicas de manejo tradicional como especie de ornato, qué por el desarrollo de técnicas de cultivo sustentadas en estudios serios impulsados por las entidades científicas de nuestro país.

Las tecnologías de producción de heliconias desarrolladas en el país son desconocidas en la Provincia de Chanchamayo, lo que no ha permitido su adopción y utilización por parte de los agricultores. Y si esto ocurre con las labores de cultivo, qué se podría esperar con las recomendaciones acerca del tratamiento post cosecha de las heliconias para lograr el periodo de duración más largo en número de días como flor cortada en florero de estas especies; el cual fue motivo del presente trabajo de investigación.

1.2 Delimitación de la investigación

El presente trabajo de investigación se ejecutó en el laboratorio de Botánica y sistemática de la Escuela de Formación Profesional de Agronomía de la Universidad Nacional Daniel Alcides Carrión – Filial La Merced, ubicado en el Distrito de Chanchamayo, Provincia de Chanchamayo. Se escogió este tema de investigación para buscar una alternativa para los agricultores de la zona de Chanchamayo para ampliar las alternativas agrícolas en reemplazo de los cultivos de café, plátano y cítricos. La investigación se inicia, luego de haber recibido la donación de éstas plantas, por la ONG Central Café Cacao, las que fueron colectadas de su centro experimental ubicadas en el distrito de Yurinaki – Perené. Las plantas recibidas fueron la *Heliconias bihai* y la *Heliconia psittacorum.* El transporte de las flores de heliconias de la localidad de Yurinaki a la Ciudad Universitaria de la UNDAC en la ciudad de La Merced, fueron acondicionadas de acuerdo al manual de producción de heliconias de la Central Café y Cacao.

Las flores de heliconias se cortan de 10 a 15 cm. de la base del tallo, luego se transporta a la zona de lavado donde se utiliza esponja y agua para lavar las brácteas, luego se acondiciona en cajas de cartón acomodándolos de tal manera que no sufran daño por transporte para lo cual se utiliza viruta de papel periódico; el número de flores debe ser como máximo de una docena por caja. Las longitudes del tallo de las heliconias fueron cortadas a 30 cm. de acuerdo a las recomendaciones de los floricultores, quienes utilizan esta longitud generalmente para construir los arreglos florales en las cuales utilizan la flor de la heliconias.

La investigación se delimitó a evaluar la longitud de la vara, el número de brácteas, evaluando la influencia del tiempo de refrigeración de 24, 12 y 6 horas para determinar el tiempo de vida de las flores en florero con cuatro tiempos de refrigeración en heliconias.

1.3 Formulación del problema

1.3.1 Problema principal

¿Cuál es el efecto de cuatro tiempos de refrigeración en la vida de florero de tallos de dos especies de heliconia (*Heliconia bihai, Heliconia psittacorum*) en condiciones de Selva Alta - Chanchamayo?

1.3.2 Problemas específicos

- Alguno de los tiempos de refrigeración influye en el tiempo de vida en florero de los tallos de **Heliconia bihai**.

- Alguno de los tiempos de refrigeración influye en el edtiempo de vida en florero de los tallos de **Heliconia psittacorum**.

1.4 Formulación de objetivos

1.4.1 Objetivo general

Evaluar el efecto de cuatro tiempos de refrigeración en la vida de florero de tallos de dos especies de heliconia (*Heliconia bihai, Heliconia psittacorum*) en condiciones de Selva Alta – Chanchamayo.

1.4.2. Objetivos específicos

- Evaluar el tiempo de vida en florero de los tallos de **Heliconia bihai**.
- Evaluar el tiempo de vida en florero de los tallos de **Heliconia psittacorum**.

1.5 Justificación de la investigación

Las Heliconias son plantas asombrosas por la belleza de sus flores. También se han convertido en flores de cortes muy populares especialmente en aquellos países en donde pueden ser cultivadas.

La importancia principal de este grupo taxonómico está en su popularidad como plantas ornamentales, por lo llamativo de sus inflorescencias, siendo a la vez, una característica importante para distinguirlas en el campo, dado su colorido y su forma. Su crecimiento aglomerado las hace una especie apta para la protección de laderas erosionadas y nacimientos de quebradas. También se aprovechan con arte y gracia en los jardines modernos, utilizándose para formar senderos laterales a las entradas de las haciendas y fincas de recreo (Kress, 1998).

El cultivo de flores de corte con fines ornamentales es una práctica antigua de gran importancia cultural en nuestro país, donde es una tradición adornar los lugares de culto religioso, festivo y doméstico. Desde nuestros antepasados, se ha mostrado interés por las cualidades estéticas que presentan las flores, su arquitectura, colores y aromas. Una de las formas de conservar y comercializar las flores son los arreglos florales y sus distintos diseños, ofrecidos por las florerías y los mercados.

locales. Particularmente, la demanda de flores cortadas y follaje en nuestro país depende principalmente de las fiestas, y de ocasiones especiales como muestras de agradecimiento, cumpleaños, convalecencia de enfermedades, graduaciones, entre otras (Tlahuextl et al., 2005).

La importancia de los arreglos florales, es la duración como flor cortada en florero que pueden ofrecer las diferentes especies de flores; en este caso de las heliconias, sin dejar de mencionar que esta variable está relacionada con el manejo y tratamiento post cosecha, de la cual la temperatura de almacenamiento (refrigeración) es de suma importancia en el proceso de transporte y almacenamiento.

1.6 Limitaciones de la investigación

El cultivo de las heliconias *Heliconia bihai, Heliconia psittacorum*) en condiciones de Selva Alta – Chanchamayo es muy poco lo que se sabe acerca de esta flor; agronómicamente su manejo se ha dado más por la perpetuación de técnicas de manejo tradicional como especie de ornato, qué por el desarrollo de técnicas de cultivo, por lo que se desconoce el manejo agronómico técnicamente, buscando esta investigación brindar una alternativa a los agricultores para orientar la forma de su cultivo y la conservación de estas especies, para incrementar el tiempo de vida de las flores en florero, La principal limitación que se tuvo en de desarrollo de la presente investigación, fue el acopio de las plantas para el inicio de la investigación, recurriendo a la ONG, Central Café Cacao, quien tiene un vivero en la localidad de Yurinaki, en el distrito de Perené, para luego trasportar las plantas y las flores y ser evaluadas en el laboratorio de Botánica de la UNDAC, de la Filial La Merced. Los agricultores que cultivan estas plantas aducen que uno de los factores para la pérdida de calidad es el marchitamiento o caída de las hojas y/o los pétalos, el amarillamiento de las hojas, de los escapos florales o tallos. Siendo éstos factores los que afectan la vida de éstas plantas ornamentales y las escasas técnicas para extenderla,

CAPITULO II

MARCO TEÓRICO

2.1 Antecedentes de estudio

ABALO y MORALES, 1982. Manifiestan que las heliconias son plantas herbáceas perennes cuya altura varía desde 70 cm. como en *H. brachyantha*, hasta 10 m. como en *H. rígida* o en *H. mariae*. Presenta raíces adventicias y fasciculadas. El pseudotallo está formado por la superposición de las vainas de las hojas y se origina desde el sitio de crecimiento del rizoma hasta donde brotan los peciolos de las hojas, dándole sostén a las mismas, el cual asciende por su interior en épocas reproductivas.

El peciolo puede tener colores diferentes al verde como en *H. platystachis* que tiene el peciolo blanco y en *H. mutisiana*, en la cual el peciolo tiene cobertura pubescente. Teniendo en cuenta la distribución de las hojas en el pseudotallo y la longitud del peciolo.

MAZA y BUILES, 2000. Manifiestan que se diferencian tres hábitos de crecimiento: Musoide, con peciolos largos y hojas en posición vertical u oblicuas similar a Musaceae; Canoide, con peciolos cortos y hojas en posición oblicua similar a Cannaceae; y Zingiberoide, con hojas sin peciolos o con peciolos cortos en posición horizontal, similares a las ginger.

La inflorescencia puede ser erecta, con brácteas dispuestas hacia arriba o péndula, con brácteas dispuestas hacia abajo. La inflorescencia generalmente brota en forma terminal, al final del pseudotallo, como en *H. reptans*; en algunas especies ocasionalmente brota del rizoma en un tallo sin hojas, como en *H. metallica* y en *H. hirsuta*.

Las brácteas son los órganos más vistosos de una heliconia, generalmente son de colores primarios o mezclados (*H. fernandezii* y *H. spathocircinata*); éstas se conectan con el raquis que continua del pedúnculo de la inflorescencia, el cual puede ser rígido como en *H. rígida* o flexible, como en *H. laxa* y en *H. fragilis* las heliconias no toleran suelos básicos, ni mal drenados.

El fruto es una baya que contiene de una a tres semillas de 1.5 cm. de color verde o amarillo cuando esta inmadura y de un color azul profundo al madurar, testa de la semilla con un opérculo opuesto a la radícula, arilo ausente al embrión, un cotiledón pobremente diferenciado aun cuando la semilla está madura

2.2 Bases teóricas - científicas

2.2.1 El cultivo de heliconias

2.2.1.1. Generalidades

TURRIAGO y FLOREZ. 2008. Manifiestan que las heliconias o platanillos conforman un grupo de aproximadamente 220 especies, que se distribuyen con preferencia a través de la franja tropical.

Las comunidades locales han utilizado sus hojas desde tiempos inmemorables para envolver y conservar algunos alimentos como quesos, carnes, tamales; ciertas partes que componen la planta han sido utilizadas en ocasiones con fines alimenticios, medicinales y hasta mágicos.

Las heliconias por su parte desempeñan un papel importante de tipo ecológico dentro de los ecosistemas, en los cuales actúan como pioneras en el proceso de regeneración natural de la vegetación y restauración del suelo degradado, además mantienen relaciones importantes coevolutivas con otras especies animales y vegetales. Las múltiples interacciones entre los distintos componentes biológicos de un sistema pueden ser utilizadas para inducir efectos positivos en el control biológico de plagas o en la regeneración o aumento de la fertilidad del suelo y su conservación.

2.2.1.2. Origen del nombre

KRESS, 1985. Manifiesta que según la mitología griega hay una montaña al sur de Grecia que se llama Helicón, donde habitaban las musas. Como se creía que los plátanos encarnaban a estas divinidades y el patujú era similar a él, le pusieron el nombre de Heliconia.

A. Taxonomía

El orden de los Zingiberales ha sido objeto de debate durante mucho tiempo. El género *Heliconia,* incluido en el complejo *Musa* fue agrupado en la familia Musaceae (Jerez, 2007).

La clasificación sistemática más reciente de las Heliconias es la de Cronquist (1988) quien las ubica dentro del orden Zingiberales, reconociendo 8 familias.

La clasificación taxonomía del cultivo de heliconias es la siguiente:

- Reino   : Plantae
- División   : Magnoliophyta
- Clase   : Liliopsida
- Orden   : Zingiberales
- Familia   : Heliconiaceae
- Género   : Heliconia
- Especie(s)   : bihai, orthotricha, psittacorum, densiflora, etc.

KRESS, 1985. Manifiesta que las heliconias, las aves del paraíso, las achiras, las gingers, los bulbos y otras plantas conocidas como platanillos están agrupadas botánicamente en el orden Zingiberales. Este orden se compone de ocho familias: Heliconiaceae, Strelitziaceae, Musaceae, Costaceae, Lowiaceae, Marantaceae, Zingiberaceae y Cannaceae.

Anteriormente, el grupo de plantas pertenecientes a la familia Heliconiaceae se ubicaban en la familia Musaceae; sin embargo, Nakai en 1941 las separó como Heliconiaceae. Posteriormente, Kress en 1994 propuso un nuevo sistema de clasificación en subgéneros y secciones, basado en características morfológicas, ecológicas y genéticas.

La familia Heliconiaceae sólo está representada por el género Heliconia, cuenta con 200 a 400 especies y el 98% de éstas se encuentran distribuidas en el centro y sur de América y en el Caribe. Están representadas en tres grandes portes y son: Porte alto (Caribea, Vulcano, Piton point, Jacquinni, Sexy pink), Porte medio (Bihai,

Stricta, Wagneriana, Rostrata) y Porte pequeño (Psittacorum, Golden torch, Red opal, Golden adrian, Jamaquina).

Las Heliconias tienen dos formatos uno pendular como ejemplo la (Rostrata) y otro erecto como la (Wagneriana).

Dependiendo de las características de porte y formato se define la distancia de siembra, pues esta condición influye directamente sobre los rendimientos, calidad de la producción, secuencia de cosecha, vida útil del cultivo.

2.2.1.3. Condiciones ambientales

a. **Luz-intensidad.** En el cultivo de las heliconias generalmente se recomienda un sombreado del 20 al 30%, *Heliconia latispatha* a demostrado que cultivos expuestos totalmente a la luz solar, suplementado con 3.6 kilogramos de la fórmula 18-6-12 (N, P, K) por metro cuadrado por año, tiene una producción de 130 flores por metro cuadrado en el primer año y 160 en el segundo año. La heliconia debe crecer en sitios abrigados pero con iluminación, buena humedad, buen drenaje y ayuda de fertilizantes (Villalobos, 2003).

b. Cada especie tiene diferentes requerimientos de iluminación, pero en general puede decirse que prefieren pleno sol o sombra parcial. A plena exposición necesitan más agua y fertilizantes además de ser más susceptibles a deficiencias por elementos menores; bajo estas condiciones de iluminación crecen en forma más vigorosa y producen mayor número de inflorescencias (Sosa, 2004).

c. **Suelo.** Las heliconias se encuentran en todo tipo de suelos especialmente en suelos arcillosos y ocasionalmente poco drenados, con una característica generalizada de pH ácido a neutro (3.5 a 7), nunca en los suelos básicos. Cuando van a ser cultivados necesitan suelos ácidos (pH 5.0 a 6.0) y bien drenados, ya que el exceso de humedad permite la aparición de bacterias que atacan los rizomas causando su pudrición (Sosa, 2004).

d. **Temperatura.** La temperatura no debe ser menor de 17ºC ni mayor de 30ºC, considerándose como óptima 22ºC. Por debajo de los 16 grados se produce latencia de meristemos, paralización de la emisión foliar, detención del crecimiento, deterioro de la flor y si son temperaturas menores de 10 grados, la muerte y tampoco producen flores cuando la temperatura se eleva más de los 35º C. A estas flores no les afecta el fotoperíodo y su floración depende de la temperatura (Sosof, 2006).

e. **Precipitación.** Las Heliconias crecen en zonas con más de 2,000 mm de precipitación anual.

f. **Humedad relativa.** La mayoría de las flores tropicales se ven favorecidas con una humedad mayor al 80% (Sosof, 2006).

2.2.1.4. Variedades

- *Heliconia bihai.-* Planta rizomatosa de 1 a 3 metros de altura. Inflorescencia en espiga formada por largas brácteas. Sus inflorescencias son hermafroditas pues poseen una parte masculina (estambres) y una femenina (pistilo). Color rojo, verde, amarillo o naranja las brácteas. En los trópicos americanos, los colibríes polinizan a las Heliconias. La época de floración depende de variedades y cultivares. Hay muchos cultivares destinados a flor cortada, puesto que tienen una conservación duradera (20 días). Requiere luz a semisombra. La mayoría de especies habitan regiones húmedas y lluviosas. El plantarlas en macetas también es una buena idea tras el calor estival, así podremos dejarlas a la sombra durante un par de semanas para que se recuperen.

- ***Heliconia psittacorum***.- El género incluye plantas de reducido tamaño hasta ejemplares de impresionantes dimensiones. Pertenece a la familia de las Heliconiaceae. Esta planta nos obsequia con una exótica floración que hace honor a la popularidad de la que goza la especie. Los racimos de componentes alargados y puntiagudos de color anaranjado se llaman brácteas y son las que guardan las verdaderas flores, sin embargo éstas, ornamentalmente hablando, carecen de interés, ya que ese pormenor se atribuye a las vistosas brácteas. La florescencia puede persistir en la mata durante un largo periodo, también puede usarse para el corte con idéntica durabilidad. Aun cuando la planta no se encuentra en floración sigue manteniendo todo su valor estético gracias a la belleza de su follaje. Las grandes hojas están sostenidas por largos peciolos rígidos, son de color verde oscuro, nervio central marcado y la superficie brillante.

2.2.1.5. Propagación

De acuerdo a lo que plantea (Jerez, 2007 y Villalobos, 2003) se tienen dos formas básicas para la propagación de Heliconias: macro y micropropagación.

Dentro de la macro propagación se tiene:

a. **División.-** Las heliconias pueden ser divididas en muchas partes, si ésta presenta rizomas, pero no se recomienda realizar la división en más de cuatro secciones. Se eligen plantas madres y se toman pequeñas porciones de rizoma se utiliza una herramienta afilada la cual debe desinfectarse entre una y otra planta para evitar la diseminación de enfermedades. El rizoma también debe desinfectarse para evitar daños por nematodos y hongos.

b. **Siembra de rizomas.-** Generalmente las heliconias son propagadas por este medio. Los rizomas son divididos de manera que cada fracción vaya provista de varias yemas vegetativas que darán origen a un nuevo rizoma. El rizoma debe tener mínimo tres vástagos y puede sembrarse directamente en campo, se obtiene mejor proliferación de raíces con adecuada humedad y un 30% a 60% de sombra.

c. **Semillas.-** Se utilizan contenedores de poca altura y sustratos de alta retención de humedad. La reproducción por esta vía no es la más recomendable a nivel comercial, ya que la germinación puede tardar entre **tres** meses y tres años. Por ello la reproducción sexual se utiliza principalmente en programas de fitomejoramiento e investigación. Con una temperatura entre 25ºC y 35ºC en semillero, y trasplantar cuando los brotes tengan de 2 a 4 cm de altura.

Dentro de la micropropagación se puede considerar:

- **Cultivo de tejidos o Micropropagación.**- De este modo, la micropropagación es una técnica que permite aprovechar la mínima viabilidad de las semillas controlando así las condiciones ambientales y a partir de las plántulas obtenidas *in Vitro* se podrán desarrollar a futuro medios de multiplicación para el género Heliconia.

- Castañeda y Pastelin (2001) mencionan en su trabajo de Germinación *in Vitro* de Heliconias (Collinsiana Griggs var. Collisiana) algunos métodos de escarificación mecánica para extraer el embrión, semillas sin escarificación cultivadas *in Vitro* en *in Vivo* y semillas escarificadas cultivadas *in Vitro* e *in Vivo*. Las sembraron en el medio básico de Murashige y Skoog (MS) con sales al 50%. El mejor resultado que obtuvieron fueron las semillas escarificadas y cultivadas en condiciones *in Vitro*. Ya que al emplear embriones separados se pueden eliminar las restricciones debidas a las cubiertas circundantes de la semilla o del endospermo.

La conclusión a la que llegaron fue que los métodos *in Vitro* mejoran la tasa de germinación en semillas de testa dura mediante la extracción del embrión cultivado en un medio enriquecido de nutrientes.

Ospina y Piñeros (2006) en su trabajo mencionan que el cultivo de tejidos se ha logrado con éxito para algunas especies de Heliconias como: *Heliconia psittacorum, Heliconia wagneriana, Heliconia latispatha* y *Heliconia grigssiana.* Este método es garantía de un material de propagación sano, que se obtiene muchas veces en menor tiempo y utilizando muchísimo menos espacio que por sistemas tradicionales de propagación.

Así como para Gómez - Merino et al. (2009) en su trabajo de germinación *In Vitro*, extrajeron los embriones de semillas de siete especies de Heliconias y las sembraron en medio MS. El porcentaje para *H. latispatha* fue entre 12 y 23.5% y para *H. collinsiana* entre el 90 y 100%.

Benítez-Domínguez et al (2009) realizaron un trabajo de escarificación y germinación *In Vitro* de semillas de Heliconias, donde probaron 3 tratamientos de escarificación donde aplicaron ácido sulfúrico al 98%, ácido giberélico y un testigo. Donde el ácido sulfúrico les dio un 34% de germinación para *H. psittacorum,* 12.6% en *H. bourgeana* y 2% en *H. latispatha.* El ácido giberélico no hubo germinación en ninguna y el testigo con un 20% de las semillas en *H. collinsiana* lograron germinar.

2.2.1.6.   Producción para flor cortada

El cultivo a nivel comercial se inicia en la década de los 70 al aire libre en Hawái y bajo invernadero en Holanda y Alemania.

La producción se ha incrementado continuamente, aunque la presencia de heliconias en los grandes mercados de flores, tales como las subastas holandesas, es aún minoritaria. No obstante, ello ha impulsado mucho los estudios sobre este género tanto a nivel botánico como hortícola (Criley, 1991).

Las principales áreas productoras de heliconias para flor cortada se sitúan en EE.UU. (Hawái, Florida y en menor proporción California); las Islas del Caribe (Jamaica, Guyana, Barbados, Trinidad y Tobago, Surinam) y los países de Centroamérica (Costa Rica y Honduras). Sus principales mercados son Estados Unidos, Canadá y, de menor importancia, Europa. Otros países de Centro y Sudamérica (Colombia, Brasil y Venezuela) empiezan a interesarse también en la producción de heliconias.

En el Pacífico y el sudeste asiático, el cultivo se ha desarrollado en Singapur y Tailandia, y comienza en Filipinas, Malasia y Taiwán, con vistas a exportar a Estados Unidos y Japón (Criley, 1991).

2.2.1.7. Plagas y enfermedades

a. Plagas En los suelos existen varias especies de nemátodos que atacan las raíces formando nodulaciones y agallas que impiden el transporte normal del agua y los solutos dentro de las plantas. También se pueden presentar ataque de otras plagas del suelo como symphilidos y colémbolos, que tienen menor importancia económica. Los pseudotallos siempre fuertes de algunas especies son atacados por larvas barrenadoras. Estas larvas pertenecen a un lepidóptero nocturno que pone sus huevos en la base de las plantas. Cuando salen las larvas que son muy pequeñas se introducen al pseudotallo de las flores a través de heridas causadas por herramientas y desde allí taladran el pseudotallo causando su muerte. Las hojas grandes de las heliconias son atacadas y perforadas especialmente cuando son muy jóvenes por variados tipos de insectos. Los de mayor importancia económica son las hormigas de varias especies, saltamontes, grillos, crisomélidos y larvas de mariposas que se alimentan del limbo de las hojas donde reducen el área fotosintética, favorecen el ingreso de hongos y otros patógenos y deterioran su presentación arruinando su valor estético. Las flores y los brotes tiernos son atacados por trips, pulgones, ácaros y otros artrópodos chupadores. También algunas estructuras de las flores son utilizadas como nidos de hormigas, cochinillas y escamas, cuyas heces y exudados manchan las flores (USAID, 2007).

b. **Enfermedades**Hay varias enfermedades que atacan las tropicales exóticas asociadas con el hábitat a natural de ellas que es alta humedad. Por malos drenajes del suelo suelen presentarse enfermedades fungosas que ocasionan pudriciones. Pudrición de raíz ocasionada por ***Phythopthora parasítica***. Pudriciones de tallo causadas por ***Phythium devaryanum*** y ***Fusarium oxysporum***, que diezman los cultivos y contaminan los suelos, en zonas de suelos pesados y en épocas de alta pluviosidad. Otras enfermedades comunes en heliconias, platanillos y otras tropicales exóticas son las sigatokas, ocasionadas por hongos del género Mycosphaerella, que aniquilan las poblaciones y son de fácil propagación a través de múltiples vectores. También se presentan enfermedades ocasionadas por bacterias, muy comunes en estos géneros, como el moko causado por la bacteria ***Pseudomonas sp.*** que se transmite por herramientas mal desinfectadas de un material enfermo a uno sano. Otra bacteria característica causando enfermedades en este tipo de plantas es la ***Erwinia sp.***, que produce pudriciones que despiden mal olor en los tallos y penetra en los tejidos por daños mecánicos y heridas. En la flor se presentan manchas y daños por hongos secundarios. También es común encontrar en tejidos viejos y maltratados de las inflorescencias el moho gris causado por el hongo ***Botrytis cinerea*** principalmente en épocas de alta humedad y baja temperatura (USAID, 2007).

2.2.2 Producción de heliconias para flor cortada

El cultivo a nivel comercial se inicia en la década de los 70 al aire libre en Hawái y bajo invernadero en Holanda y Alemania. La producción se ha incrementado continuamente, aunque la presencia de heliconias en los grandes mercados de flores, tales como las subastas holandesas, es aún minoritaria. No obstante, ello ha impulsado mucho los estudios sobre este género tanto a nivel botánico como hortícola (Criley, 1991).

Las principales áreas productoras de heliconias para flor cortada se sitúan en EE.UU. (Hawái, Florida y en menor proporción California); las Islas del Caribe (Jamaica, Guyana, Barbados, Trinidad y Tobago, Surinam) y los países de Centroamérica (Costa Rica y Honduras). Sus principales mercados son Estados Unidos, Canadá y, de menor importancia, Europa. Otros países de Centro y Sudamérica (Colombia, Brasil y Venezuela) empiezan a interesarse también en la producción de heliconias. En el Pacífico y el sudeste asiático, el cultivo se ha desarrollado en Singapur y Tailandia, y comienza en

Filipinas, Malasia y Taiwán, con vistas a exportar a Estados Unidos y Japón (Criley, 1991).

2.2.3 Pérdida de la calidad de las flores de corte

Sean de corte o de maceta, las plantas ornamentales son complejos órganos vegetales en los que la pérdida de calidad de los tallos, hojas o partes florales llevan al rechazo por parte del mercado. En algunas ornamentales la pérdida de calidad puede ser el resultado del marchitamiento o caída de las hojas y/o los pétalos, el amarillamiento de las hojas, o las curvaturas geotrópicas de los escapos florales o tallos. Cuando se consideran los factores que afectan la vida de las ornamentales y las técnicas para extenderla, es importante en primera instancia comprender las diversas causas de la pérdida de calidad.

A. Causas de la pérdida de la calidad

- **Crecimiento, desarrollo y senescencia.** - En las plantas, la muerte de los órganos individuales y de la planta misma es una parte integral de su ciclo de vida. Aún en ausencia del proceso de senescencia de las flores y hojas, el continuo proceso de crecimiento puede conllevar una pérdida de calidad, por ejemplo, en las flores con espiga que se doblan en respuesta a la gravedad.

- **Senescencia floral.** - La muerte prematura de las flores es una causa común de pérdida de calidad y reducción de la vida en florero de muchas flores de corte. En el término de su proceso de senescencia, las flores pueden ser divididas en varias categorías: Algunas tienen una vida extremadamente larga, sobre todo aquellas pertenecientes a las familias de las margaritas y las orquídeas. Otras presentan una vida útil particularmente corta, como sucede con muchas flores de bulbo como los tulipanes, iris y narcisos.

- **Marchitez.** - En las ornamentales de corte o de maceta, una vida larga depende casi de manera absoluta de un constante suministro de agua. Si este se interrumpe, sea debido a la obstrucción interna de los tallos de corte o porque el riego que se da a las macetas es insuficiente, se presenta un rápido marchitamiento de los brotes, hojas y pétalos.

- **Amarillamiento foliar y senescencia.** - El amarillamiento de las hojas y aún de otros órganos (botones, tallos) se asocia comúnmente con el final de la vida útil de algunas flores de corte (siendo las alstroemerias y los lirios un importante ejemplo). El amarillamiento foliar es un proceso complejo que puede ser causado por una serie de factores ambientales.

- *Desplome absición.-* La pérdida de hojas, botones, pétalos, flores o aún brotes, es un proceso llamado 'desplome' o 'abscisión', y es también un problema común de las flores de corte. Con frecuencia, este problema se asocia a la presencia de etileno en el aire, pero otros factores ambientales también pueden estar implicados.

B. Factores que afectan la calidad en la poscosecha

Mantener una buena calidad en las flores de corte para exportación depende de un buen entendimiento de los factores que conducen a su deterioro. Si estos factores son tomados en cuenta, tanto el productor como el comercializador podrán desarrollar e implementar tecnologías óptimas, que aseguren la conservación de la calidad durante todo el proceso, hasta llegar al consumidor final.

- **Madurez de las flores.** - La madurez mínima de corte para una flor determinada, es el estado de desarrollo en el cual los botones pueden abrir completamente y desplegar una vida en florero satisfactoria. Muchas flores responden bien al ser de corte en el estadio de botón, abriendo después del proceso de almacenamiento, transporte y distribución. Esta técnica presenta muchas ventajas incluyendo un período reducido de crecimiento para cultivos de una sola cosecha, mayor densidad de empaque, manejo simplificado de la temperatura, menor susceptibilidad al daño mecánico y menor deshidratación. Muchas flores se cosechan actualmente cuando los botones comienzan a abrir (rosa, gladiola), aunque otras se cortan cuando están completamente abiertas o cerca de estarlo (crisantemo, clavel). Las flores para el mercado local generalmente se cosechan mucho más abiertas que aquellas destinadas al almacenamiento y/o transporte a larga distancia.

- **Temperatura.** - La respiración de las flores de corte, parte integral del crecimiento y la senescencia, generan calor como subproducto. Adicionalmente, a medida que la temperatura ambiental se incrementa la tasa de respiración aumenta. Por ejemplo, una flor a 30° C posiblemente respire (y por lo tanto envejezca) hasta 45 veces más rápido que una flor que se encuentre a 2° C. La tasa de envejecimiento puede reducirse drasticamente enfriando las flores. Un enfriamiento rápido acompañado de una cadena de frío estable, son por lo tanto esenciales para asegurar la calidad y una vida en florero satisfactorias de la mayoría de las flores de corte que actualmente se comercializan. Aunque el transporte aéreo es rápido en comparación al transporte de terrestre o marítimo, la respuesta de las flores y follajes de corte a las temperaturas cálidas conduce a su rápido deterioro, aún durante las relativamente cortas horas de transporte aéreo. Se ha demostrado muchas veces que el transporte de flores por métodos de terrestres que permiten mantener una buena cadena de frío produce mejores resultados que el transporte aéreo sin control de temperatura, y esto se debe principalmente a la drástica respuesta de las flores al calor. Por esta razón, el transporte aéreo rara vez es el medio elegido cuando existen otras opciones que ofrezcan un buen control de temperatura. Un objetivo importante de este manual es crear conciencia entre los exportadores y comercializadores sobre la importancia de la cadena de frío en la calidad de las flores y sugerir estrategias para mejorar el control de la temperatura durante el transporte aéreo. Las imágenes demuestran el efecto del almacenamiento durante cuatro días a diferentes temperaturas, sobre la siguiente calidad y vida en florero de algunas flores de corte comunes. Un día después de ser retiradas del cuarto frío, la calidad de las gerberas se relaciona claramente con las temperaturas adversas. La curvatura de los tallos escapos florales de estas flores es el resultado del geotropismo negativo (en contra de la gravedad) que se acelera cuando las flores se almacenan a mayor temperatura. En los perritos el efecto del almacenamiento a diferentes temperaturas es drástico y claramente visible luego de cuatro días a temperatura ambiente. Las flores que se mantienen a temperaturas diferentes al óptimo (0° C) muestran una marcada pérdida de calidad a medida que éstas aumentan. Los tallos curvos, la pérdida de florecillas y la apertura deficiente de los botones florales, son todos características evidentes en las flores sometidas a temperaturas más altas. Una situación similar se observa en los lirios almacenados a diferentes temperaturas durante cuatro días, y luego mantenidos a temperatura ambiente durante dos días. Se ha sugerido que los marcados efectos de la temperatura podrían eliminarse o al menos minimizarse manteniendo las flores almacenadas en agua – usando así los llamados 'aquapacks' o Proconas™. La investigación muestra que esto es solo parcialmente cierto. Si bien las flores almacenadas en agua a temperaturas mayores que las óptimas presentan mejor desempeño que aquellas almacenadas en seco, nunca es igual al de las flores almacenadas a la temperatura adecuada, esto sea en seco o en agua. La temperatura óptima de almacenamiento para la mayoría de las flores de corte que actualmente se comercializan es cercana al punto de congelación – 0 °C. Algunas flores tropicales como los anturios, las aves del paraíso, algunas orquídeas y las gingers sin embargo, son afectadas de manera negativa por las temperaturas inferiores a 10 ° C. Los síntomas de este "daño por enfriamiento" incluyen el oscurecimiento de los pétalos, marcas de agua en los mismos (que se ven transparentes) y en casos severos colapso y muerte de hojas y pétalos.

- **Suministro de alimento floral. -** Los almidones y azúcares almacenados dentro de los tallos, hojas y pétalos proporcionan la mayor parte del alimento necesario para que las flores abran y se mantengan. Los niveles de estos carbohidratos llegan a su máximo nivel cuando las plantas han sido cultivadas con alta luminosidad y con un manejo cultural apropiado. La concentración de carbohidratos es de hecho generalmente mayor durante la tarde – luego de un día de plena luz solar. Sin embargo, es preferible cosechar las flores temprano por la mañana, cuando las temperaturas son bajas, la hidratación de las plantas es alta y se dispone de todo el día para procesar las flores de corte. La calidad y la vida en florero de muchas flores de corte pueden mejorarse tratándolas con una solución que contenga azúcar después de la cosecha. Este tratamiento o "pulso" se hace simplemente colocando las flores en una solución durante un corto período, generalmente menos de 24 horas, y con frecuencia a baja temperatura. Ejemplos típicos son los nardos, en los que la vida útil mejora drásticamente con un pulso de azúcar y las gladiolas, en las que el mismo tratamiento induce apertura de un mayor número de flores en la espiga, aumentan su tamaño y asegura una vida en florero más prolongada. El azúcar es también un componente importante de las soluciones utilizadas para inducir la apertura de las flores antes de su distribución y de las soluciones utilizadas por los minoristas y aún los consumidores finales.

- *Luz.-*. La presencia o ausencia de luz durante el almacenamiento generalmente no es relevante, excepto en casos donde se presenta amarillamiento del follaje. Las hojas de algunos cultivares de crisantemo, alstroemeria, margarita y otras flores, pueden tornarse amarillas si son almacenadas en la oscuridad a temperaturas cálidas. Se ha demostrado que el necrosamiento de las hojas de corte como la Protea puede prevenirse manteniendo las flores bajo condiciones de alta luminosidad o tratando las flores cosechadas mediante un de azúcar. Esto sugiere que el problema es inducido por una baja concentración de carbohidratos en la inflorescencia cosechada.

- **Suministro de agua.** - Las flores de corte, en particular aquellas con follaje abundante, tienen una gran superficie expuesta de manera que pueden perder agua y marchitarse rápidamente. Por ende, deben almacenarse a humedades relativas por encima de 95% para minimizar la deshidratación, particularmente durante el almacenamiento prolongado. La pérdida de agua se reduce drásticamente a bajas temperaturas, razón de más para asegurar un rápido pronto y eficiente de las flores. Aún después de que las flores han perdido cantidades considerables de agua (por ejemplo, durante el transporte aéreo o en almacenamiento prolongado) pueden ser completamente rehidratadas mediante técnicas apropiadas. Las flores de corte absorben soluciones sin problemas, siempre y cuando el flujo de agua dentro de los tallos no se encuentre obstruido. La embolia por aire, el taponamiento bacterial y el agua de mala calidad, son factores que reducen la absorción de soluciones.

- **Embolia por aire.** - Ocurre cuando pequeñas burbujas de aire (émbolos) ingresan dentro del tallo al momento del corte. Estas burbujas no logran ascender dentro del tallo, de manera que su presencia obstruye el flujo vertical de la solución, que no llega hasta la flor. Los émbolos pueden ser eliminados cortando los tallos de nuevo dentro del agua (retirando unos 2.5 cm), asegurándose de que la solución sea ácida (pH 3 o 4), colocando los tallos en una solución a 40°C (caliente, pero no en extremo) o en una solución helada, sumergiendo brevemente los tallos (10 segundos a 10 minutos) en una solución concentración baja con detergente (por ejemplo 0.02% de líquido para lavar platos), o sumergiendo los tallos en un recipiente profundo lleno de solución (al menos 20 cm).

- **Taponamiento por bacterias.** - La superficie de un tallo floral libera el contenido de las tales como proteínas, aminoácidos, azúcares y minerales – al agua del recipiente donde éstas se encuentran. Este es alimento ideal para las bacterias y estos diminutos organismos crecen rápidamente en el ambiente anaeróbico del florero. La baba producida por las bacterias, y las bacterias mismas, pueden taponear el sistema vascular que conduce agua dentro de los tallos. Este problema puede solucionarse en todos los pasos de la cadena de procesamiento como se detalla a continuación:

- Use agua limpia para preparar las soluciones de poscosecha – el agua sucia contiene millones de bacterias que proliferarán en la base del tallo.

- Limpie y desinfecte los recipientes regularmente – la suciedad alberga bacterias y puede protegerlas de los germicidas. Lave cuidadosamente con un detergente, enjuague en agua limpia y finalmente con una solución que contenga 1 ml de Clorox (5% hipoclorito) por litro de agua, de preferencia cada vez que se usen los baldes. No apile los recipientes uno sobre otro si la parte de afuera no está tan limpia como la de adentro.

- Use baldes blancos – se verá la mugre más fácilmente.

- Las soluciones utilizadas siempre deben contener un 'biocida', químico que prevenga el crecimiento de las bacterias, almidones y hongos. Entre los biocidas que comúnmente se usan para este propósito se cuentan el hipoclorito de calcio o sodio, el sulfato de aluminio y las sales de 8-hidroxiquinolina. Las soluciones ácidas también inhiben el crecimiento bacterial.

- Las soluciones azucaradas para tratar las flores recién de corte, y que mejoran la apertura floral durante su exhibición, deben contener un bactericida adecuado.

- **Agua dura.** - El agua dura frecuentemente contiene minerales que la tornan alcalina (pH alto), lo cual reduce drásticamente el movimiento de agua dentro de los tallos. Este problema puede solucionarse removiendo los minerales presentes (con un sistema de desionización, destilado, de inversa ósmosis), o acidificando el agua. Las soluciones florales comerciales no contienen suficiente ácido para bajar el pH de las aguas muy alcalinas, y en ese caso es necesario añadir ácido directamente al agua. En algunos países, la solución más sencilla es utilizar agua de lluvia para preparar las soluciones de poscosecha.

- *Calidad del agua.*- Los químicos que normalmente se encuentran la llave son tóxicos para algunas flores. El sodio (Na), que se encuentra en altas concentraciones en el agua que ha sido ablandada, por ejemplo, es tóxico para los claveles y las rosas. El flúor (F) es muy perjudicial para las gerberas, las gladiolas, las rosas y las freesias; el agua potable contiene normalmente suficiente F (aproximadamente 1 ppm) para dañar estas flores.

- **Etileno.** - Algunas flores, en particular el clavel, la gypsophila y algunas variedades cultivares de rosa, mueren rápidamente si son expuestos aún a bajísimas concentraciones de etileno. Algunas flores de corte producen etileno a medida que senescen; en los claveles y guisantes de olor, por ejemplo, la producción de etileno forma parte del proceso natural de muerte de las flores, mientras que, en otras, como en la calceolaria, los perritos y el delfinio, induce la caída de las flores. Algunas frutas producen grandes cantidades de etileno durante su proceso normal de maduración. También se produce este gas durante la combustión de materiales orgánicos (por ejemplo, gasolina, combustible de aviones, leña, tabaco). Los niveles de etileno superiores a cien partes por billón en el aire (100 ppb) en localizados cerca de las flores de corte sensible al etileno pueden causar daños y deben por lo tanto evitarse. Las zonas destinadas al manejo y almacenamiento de las flores deben estar diseñadas no solamente para minimizar la contaminación del ambiente con etileno, sino contar con una ventilación adecuada que permita remover cualquier presencia del mismo. El tratamiento con el complejo aniónico del tiosulfato de plata (STS) o el inhibidor gaseoso, 1-MCP (Ethyl-bloc), reducen los efectos del etileno (exógeno o endógeno) en algunas flores. Finalmente, el almacenamiento refrigerado ofrece beneficios, ya que tanto la producción de etileno como la sensibilidad al mismo son significativamente reducidas a bajas temperaturas.

- **Tropismos de crecimiento.** - Algunas flores responden a estímulos ambientales (tropismos) en formas que redundan en pérdida de calidad. Los más importantes son el geotropismo (curvatura en contra de la gravedad) y el fototropismo (hacia la luz). El geotropismo con frecuencia reduce la calidad de las flores de espiga como la gladiola, la boca de dragón y el stock (alhelí), el lisianthus, las rosas, y las gérberas, pues los tallos florales (pedicelos) o el tallo principal se doblan hacia arriba cuando las flores han sido almacenadas en posición horizontal. La respuesta geotrópica se reduce sustancialmente cuando las flores son mantenidas a bajas temperaturas; si esto no es posible, entonces es de suma importancia mantenerlas en posición vertical. El tratamiento con bajas concentraciones de ácido naftil-ftalámico (NPA) un inhibidor del transporte de las auxinas, es muy efectivo para prevenir las curvaturas geotrópicas, pero este compuesto no se encuentra comercialmente disponible ni está registrado para este uso.

- **Daño mecánico.** - Las magulladuras y otros maltratos a las flores deben evitarse a toda costa. Las flores con pétalos rasgados, tallos rotos u otros daños obvios son indeseables por razones estéticas.

Adicionalmente, los organismos patógenos pueden infectar las plantas más fácilmente a través de las áreas maltratadas. De hecho, algunos de estos organismos solamente pueden penetrar los tejidos vegetales a través de heridas. Adicionalmente, la respiración y la evolución del etileno son generalmente más altas en las plantas maltratadas, lo que reduce aún más su vida útil.

- **Enfermedad.** - Las flores son muy susceptibles a las enfermedades, no solamente porque sus pétalos son frágiles, sino porque las secreciones de sus nectarios ofrecen una excelente provisión de nutrientes aún para patógenos débiles. Peoraún, el traslado de las flores desde un área fría de almacenaje a un área de manejo más cálida con frecuencia genera condensación sobre el follaje.

El organismo que con más frecuencia se encuentra es el moho gris (***Botrytis cinerea***), capaz de germinar siempre que haya agua libre presente. En el ambiente húmedo de la cabeza floral, puede crecer (aunque más lentamente) aún a temperaturas cercanas al punto de congelación. Un buen manejo de la higiene del invernadero, de la temperatura y otras medidas para minimizar la condensación sobre las flores de corte, reducirán las pérdidas causadas por esta enfermedad.

Algunos fungicidas tales como el Ronalin, Rovral (Iprodione), y el Phyton-27 de base cúprica han sido aprobados para usar en flores de corte y son muy efectivos contra el moho gris. Otros fungicidas más modernos como el 'Palladium', mezcla de fludioxinal y ciprodium, han resultado muy efectivos como baños de poscosecha para prevenir la infección por Botrytis y seguramente serán registrados para este uso en un futuro cercano.

2.3 Definición de términos básicos

- **Heliconia** L. es un género que agrupa más de 100 especies de plantas tropicales, originarias de Sudamérica, Centroamérica, las islas del Pacífico e Indonesia.

- **Inflorescencia.** Conjunto de flores que nacen agrupadas de un mismo tallo.

- **Senescencia** es el último estadio en el desarrollo ontogénico de una hoja. Comunmente definimos la **senescencia** como un proceso de desmantelamiento celular, que finaliza con la muerte de células, tejidos u órganos

2.4 Formulación de la hipótesis

2.4.1 Hipótesis general

Al menos uno de los tiempos de refrigeración nos permitirá obtener el tiempo de vida más prolongado en la vida de florero de tallos de dos especies de heliconia (*Heliconia bihai, Heliconia psittacorum*) en condiciones de Selva Alta – Chanchamayo

2.4.2 Hipótesis específicas

- Al menos uno de los tiempos de refrigeración nos permitirá obtener más tiempo de vida en florero de los tallos de **Heliconia bihai**.

- Al menos uno de los tiempos de refrigeración nos permitirá obtener el tiempo de vida más prolongado **Heliconia psittacorum**.

2.5 Identificación de variables

2.5.1 Variable independiente

- Tiempos de refrigeración

2.5.2 Variable dependiente

- Tiempo de vida en florero de las heliconias

2.6 Definición operacional de variables e indicadores

Variable	Definición	Indicadores	Técnicas e instrumentos
Variable Independiente	Tiempos de refrigeración	- T1: Refrigeración 0 horas - T2: Refrigeración de 6 horas - T3: Refrigeración de 12 horas - T4: Refrigeración de 18 horas - T5: Refrigeración de 24 horas	Control de tiempos
Variable Dependiente	Tiempos de vida en florero de las heliconias	- Longitud de vara floral	Observación directa
		- Numero de brácteas	Observación directa
		Tratamiento post corte	Observación directa

CAPITULO III

METODOLOGÍA Y TÉCNICAS DE INVESTIGACIÓN

3.1 Tipo de investigación

El tipo de investigación es Aplicada, porque recurre a la ciencias naturales para solucionar el problema de tiempo de vida de la flor de heliconia, luego de la post cosecha, en la provincia de Chanchamayo, bajo condiciones de trópico, sustentado por Grin (2011), quien indica que la investigación aplicada es la que se efectúa con vistas a ampliar el conocimiento científico en algún campo especifico de la realidad, a partir de los procesos de la ciencia básica. Los logros de la investigación aplicada expanden el conocimiento de un ámbito concreto, dando lugar a que el conocimiento científico pueda ser utilizado en términos práctico.

3.2 Métodos de investigación

El método de investigación fue el experimental, porque se va a manipular la variable independiente (Tiempos de refrigeración) y se medirá la variable dependiente (tiempos de vida de las heliconias en post cosecha sustentado por Matallana, (2001) quien indica que experimento se refiere a "un estudio en el que se manipulan intencionalmente una o más variables independientes (supuestas

33

causas – antecedentes), para analizar las consecuencias que la manipulación tiene sobre una o más variables dependientes (supuestos – efectos) dentro de una situación de control para el investigador".

3.3 Diseño de la investigación

El tipo de diseño de investigación a aplicar en el presente proyecto, será diseño completamente azar (DCA) con 4 repeticiones y 5 tratamientos, en el cual se identifica lo siguiente modelo aditivo lineal

3.3.1. Modelo aditivo lineal

$$Y_{ij} = \square + \square_i + e_{ij}$$

Donde:

Y_{ij} = valor observado

$\square$ = Media poblacional.

$\square_i$ = Efecto del tratamiento (parámetro) en la unidad experimental.

e_{ij} = Error, valor de la variable aleatoria Error experimental.

$i = 1,2,\ldots, t$

$j = 1,2,\ldots, ri$

3.3.2. Análisis de variancia

F. de V.	G. L.	S. C.	C. M.	fc	ft		Sgn.
					5%	1%	
Tratamientos	4						
Error	12						
Total	19						

3.4 Población y muestra

3.4.1. Población

La Población estuvo compuesta por 400 plantas de 2 especies de heliconias (*Heliconia bihai, Heliconia psittacorum*).

3.4.2. Muestra

La muestra estará compuesta de 60 plantas de cada especie de heliconia (*Heliconia bihai, Heliconia psittacorum*).

3.5 Técnicas e instrumentos de recolección de datos

La principal técnica que se utilizó en el desarrollo de la investigación fue la observación y el principal instrumento de recolección de datos que se utilizó fueron las fichas de colección de datos.

3.6 Técnicas de procesamiento y análisis de datos

El análisis de los datos se realizó mediante el análisis de varianza y su procesamiento de los datos se realizó en el SPSS, ver 20.

3.7 Tratamiento estadístico

El procesamiento y análisis de los datos obtenidos durante la ejecución del trabajo de investigación, se realizaron mediante el análisis de varianza de los datos. En el procesamiento de los datos, los estadísticos que nos permitieron estimar a la población fueron: la Media, la Varianza, la Desviación estándar y el Coeficiente de variabilidad.

3.8 Selección, validación y confiabilidad de los instrumentos de investigación

Considerando que la presente investigación es a nivel de pre grado, para optar el título profesional, por lo que, la validación y confiabilidad de los instrumentos de investigación se realizaron mediante la consulta bibliográfica para la elaboración de los instrumentos de evaluación para la presente investigación en relación a las variables a ser evaluadas, con los que nos permitieron obtener los datos para dar respuesta al efecto de los tratamientos sobre la variable dependiente.

3.9 Orientación ética

El presente trabajo de investigación se ejecutó en el laboratorio de Botánica y sistemática de la Escuela de Formación Profesional de Agronomía de la Universidad Nacional Daniel Alcides Carrión – Filial La Merced, habiendo sido verificada el desarrollo de la misma por el jurado evaluador de la presente tesis, por lo que se considera que los resultados obtenidos servirán de referencia para otros trabajos de investigación asimismo, contribuirá al conocimiento en el manejo y producción del cultivo de Stevia para los agricultores de nuestra región, ya que la ejecución de la investigación fue desarrollado siguiendo los valores éticos y doy fe que los resultados se plasman en las evaluaciones realizadas en el trabajo de campo.

CAPITULO IV

RESULTADOS Y DISCUSIÓN

4.1 Descripción del trabajo de campo

4.1.1 Lugar de ejecución

El presente trabajo de investigación se ejecutó en el laboratorio de Botánica y sistemática de la Escuela de Formación Profesional de Agronomía de la Universidad Nacional Daniel Alcides Carrión – Filial, ubicada en el distrito de Chanchamayo, Provincia de Chanchamayo y departamento de Junín.

A. Ubicación política

- Departamento   : Junín
- Provincia   : Chanchamayo
- Distrito   : Chanchamayo

B. Ubicación geográfica

- Longitud Oeste   :   075°20.148'
- Latitud Sur   :   11°04.588'
- Altitud   :   835 m.s.n.m

- Zona de Vida : bh-PT

4.1.2 Materiales y equipos

Materiales de campo

- Tablero<
- Fichas de datos
- Tijera de podar
- Cuchillo
- Chafle o machete
- Floreros
- Cinta métrica
- Baldes

4.1.3. Materiales de escritorio

- Libreta de campo
- Lápiz
- Reglas
- Plumones
- Lapiceros
- Papel bond 75 gr.
- Resaltador
- CD's
- USB
- Plumón indeleble
- Etiquetas

4.1.4. Equipos

- Computadora

- Impresora

- Cámara digital

- Refrigeradora

- Termómetro

C. Material biológico

- Varas florales de heliconias (*Heliconia bihai, Heliconia psittacorum*)

4.1.5. Descripción de los tratamientos

TRAT	DESCRIPCION
T1	Refrigeración 0 horas
T2	Refrigeración 6 horas
T3	Refrigeración 12 horas
T4	Refrigeración 18 horas
T5	Refrigeración 24 horas

4.1.6. Croquis de campo

1. Distribución de las unidades experimentales

REPGET.	TRATAMIENTOS				
1	T3	T1	T5	T4	T2
2	T5	T3	T4	T2	T1
3	T2	T3	T1	T5	T4
4	T2	T1	T3	T4	T2

4.1.7. Evaluación de las variables

El número de días se contabilizó desde el primer día de puesta de las flores en florero después de sometidas al tratamiento de refrigeración para evaluar el tiempo de refrigeración, de acuerdo a los tratamientos planteados; registrando los siguientes indicadores:

- Longitud de vara floral

- Numero de brácteas

- Tratamiento post corte

4.1.8. Procedimiento y conducción del experimento

4.1.8.1. Obtención del material de estudio (Heliconias)

La *Heliconias bihai* y la *Heliconia psittacorum* fueron donadas por la Central Café y Cacao y colectadas de su fundo ubicado en la localidad de Yurinaki, Perene.

4.1.8.2. Transporte de las heliconias

El transporte de las flores de heliconias de la localidad de Yurinaki a la Ciudad Universitaria de la UNDAC en la ciudad de La Merced, fueron acondicionadas de acuerdo al manual de producción de heliconias de la Central Café y Cacao.

Las flores de heliconias se cortan de 10 a 15 cm. de la base del tallo, luego se transporta a la zona de lavado donde se utiliza esponja y agua para lavar las brácteas, luego se acondiciona en cajas de cartón acomodándolos de tal manera que no sufran daño por transporte para lo cual se utiliza viruta de papel periódico; el número de flores debe ser como máximo de una docena por caja.

4.1.8.3. Acondicionamiento de los tratamientos

Los tratamientos fueron acomodados en una refrigeradora acondicionada a 10°C (Temperatura constante durante el experimento), semejante a un carro frigorífico para transporte de hortalizas.

4.1.8.4. Corte de los tallos de las heliconias

Las longitudes del tallo de las heliconias fueron cortadas a 30 cm. de acuerdo a las recomendaciones de los floricultores, quienes utilizan esta longitud generalmente para construir los arreglos florales en las cuales utilizan la flor de la heliconias.

4.1.8.5. Evaluación

El número de días se contabilizó desde el día en que se puso en el florero después de haber salido de los tratamientos, se utilizó agua corriente para todos los casos.

4.2. Presentación, análisis e interpretación de resultados

4.2.1. Heliconia bihai

A. Longitud de vara (30 cm.)

Cuadro No. 01: Análisis de Varianza

F. de V.	G.L.	S.C.	C.M.	F_{cal}	F_{tab} 0,05	0,01	Sig
Tratamiento	4	2,564	0,641	33,279	3,056	4,893	**
Error	15	0,289	0,019				
Total	19	2,853					
	S = 0,139		$\bar{x}$ = 4,30		C.V.= 3,23		

En el cuadro No. 01, de análisis de varianza para cuatro tiempos de refrigeración en 30 cm. de longitud de vara se observa que en la fuente de tratamientos existe diferencia estadística altamente significativa.

El coeficiente de variabilidad de 3,23% es considerado según Calzada Benza como coeficiente excelente, lo que nos indica que el tiempo de vida en florero con cuatro tiempos de refrigeración en 30 cm. de longitud de vara dentro de cada tratamiento es muy homogéneo, con un promedio de 19,60 días.

La alta significación estadística nos indica que al menos uno de los tiempos de refrigeración en 30 cm. de longitud de vara es estadísticamente diferente, asimismo nos indica que el tiempo de refrigeración en 30 cm. de longitud de vara tiene efecto sobre la duración de vida en florero en la *Heliconia bihai*.

Cuadro No 02: Prueba de significación de Duncan al 5%

Tratamiento	Promedio	Clasificación
T5	4,74	A
T4	4,64	A
T3	4,30	B
T2	4,00	C
T1	3,81	C

En el cuadro No 02, prueba de significación de Duncan al 5% para tiempos de refrigeración en 30 cm. de longitud de vara, se observa la presencia de 3 categorías, la categoría A conformada por el tratamiento T5 (Refrigeración de 24 horas) y el T4 (Refrigeración de 18 horas); la categoría B conformada por el T3 (Refrigeración de 12 horas) y la categoría C conformada por los tratamientos T2 (Refrigeración de 6 horas) y T1 (Refrigeración 0 horas).

B. Número de brácteas

Cuadro No. 03: Análisis de Varianza

F. de V.	G.L.	S.C.	C.M.	F_{cal}	F_{tab} 0,05	F_{tab} 0,01	Sig
Tratamiento:	4	0,434	0,109	1,334	3,056	4,893	n.s.
Error	15	1,221	0,081				
Total	19	1,656					
	S =	0,285	$\bar{x}$ =	4,35	C.V.=	6,56	

En el cuadro No. 03, de análisis de varianza para cuatro tiempos de refrigeración en varas de heliconias de 3 brácteas se observa que en la fuente de tratamientos existe diferencia estadística no significativa.

El coeficiente de variabilidad de 6,56% es considerado según Calzada Benza como coeficiente excelente, lo que nos indica que el tiempo de vida en florero con cuatro tiempos de refrigeración en varas de heliconias de 3 brácteas dentro de cada tratamiento es muy homogéneo, con un promedio de 19 días. La no significación estadística nos indica que todos los tiempos de refrigeración en varas de heliconias de 3 brácteas son estadísticamente iguales, asimismo nos indica que el tiempo de refrigeración en varas de heliconias de 3 brácteas no tiene efecto sobre la duración de vida en florero en la *Heliconia bihai.*

Cuadro No 04: Prueba de significación de Duncan al 5%

Tratamiento	Promedio	Clasificación
T4	4,58	A
T3	4,44	A B
T5	4,31	A B
T2	4,27	A B
T1	4,15	B

En el cuadro No 04, prueba de significación de Duncan al 5% para tiempos de refrigeración en heliconias de 3 brácteas, se observa la presencia de 3 categorías, la categoría A conformada por el T4 (Refrigeración de 18 horas); la categoría AB conformada por los tratamientos T3 (Refrigeración de 12 horas), T5 (Refrigeración de 24 horas) y T2 (Refrigeración de 6 horas); y la categoría B conformada por el tratamiento T1 (Refrigeración 0 horas).

C. Tratamiento pos corte (hidratación)

Cuadro No. 05: Análisis de Varianza

F. de V.	G.L.	S.C.	C.M.	F_{cal}	F_{tab}		Sig
					0,05	0,01	
Tratamiento:	4	1,426	0,356	6,110	3,056	4,893	**
Error	15	0,875	0,058				
Total	19	2,301					
	S = 0,242		$\bar{x}$ = 4,35		C.V.= 5,55		

En el cuadro No. 05, de análisis de varianza para cuatro tiempos de refrigeración en heliconias con tratamiento pos corte (hidratación) se observa que en la fuente de tratamientos existe diferencia estadística altamente significativa.

El coeficiente de variabilidad de 5,55% es considerado según Calzada Benza como coeficiente excelente, lo que nos indica que el tiempo de vida en florero con cuatro tiempos de refrigeración en heliconias con tratamiento pos corte (hidratación) dentro de cada tratamiento es muy homogéneo, con un promedio de 19,05 días.

La alta significación estadística nos indica que al menos uno de los tiempos de refrigeración en heliconias con tratamiento pos corte (hidratación) es estadísticamente diferente, asimismo nos indica que el tiempo de refrigeración en heliconias con tratamiento pos corte (hidratación) tiene efecto sobre la duración de vida en florero en la *Heliconia bihai*.

Cuadro No 06: Prueba de significación de Duncan al 5%

O.M.	Tratamiento	Promedio	Clasificación
1	T4	4,61	A
2	T5	4,61	A
3	T3	4,46	A B
4	T2	4,15	B
5	T1	3,93	

En el cuadro No 06, prueba de significación de Duncan al 5% para tiempos de refrigeración en heliconias con tratamiento pos corte (hidratación), se observa la presencia de 4 categorías, la categoría A conformada por el tratamiento T4 (Refrigeración de 18 horas) y el T5 (Refrigeración de 24 horas); la categoría AB conformada por el T3 (Refrigeración de 12 horas); la categoría BC conformada por el T2 (Refrigeración de 6 horas) y la categoría C conformada por el tratamiento T1 (Refrigeración 0 horas).

4.2.2. Heliconia psittacorum

A. Longitud de vara (30 cm.)

Cuadro No. 7: Análisis de Varianza

F. de V.	G.L.	S.C.	C.M.	F_{cal}	F_{tab} 0,05	F_{tab} 0,01	Sig
Tratamiento:	4	0,722	0,181	5,204	3,056	4,893	**
Error	15	0,520	0,035				
Total	19	1,243					
	S =	0,186		$\bar{x}$ = 3,96	C.V.=	4,70	

En el cuadro No. 07, de análisis de varianza para cuatro tiempos de refrigeración en 30 cm. de longitud de vara se observa que en la fuente de tratamientos existe diferencia estadística altamente significativa.

El coeficiente de variabilidad de 4,70% es considerado según Calzada Benza como coeficiente excelente, lo que nos indica que el tiempo de vida en florero con cuatro tiempos de refrigeración en 30 cm. de longitud de vara dentro de cada tratamiento es muy homogéneo, con un promedio de 15,75 días.

La alta significación estadística nos indica que al menos uno de los tiempos de refrigeración en 30 cm. de longitud de vara es estadísticamente diferente, asimismo nos indica que el tiempo de refrigeración en 30 cm. de longitud de vara tiene efecto sobre la duración de vida en florero en la *Heliconia psittacorum.*

Cuadro No 8: Prueba de significación de Duncan al 5%

O.M.	Tratamiento	Promedio	Clasificación
1	T2	4,21	A
2	T1	4,06	A B
3	T3	4,00	A B
4	T4	3,90	B C
5	T5	3,64	C

En el cuadro No 08, prueba de significación de Duncan al 5% para tiempos de refrigeración en 30 cm. de longitud de vara, se observa la presencia de 4 categorías, la categoría A conformada por el T2 (Refrigeración de 6 horas); la categoría AB conformada por los tratamientos T1 (Refrigeración 0 horas) y T3 (Refrigeración de 12 horas); la categoría BC conformada por el tratamiento T4 (Refrigeración de 18 horas) y la categoría C conformada por el tratamiento T5 (Refrigeración de 24 horas).

B. Número de brácteas

Cuadro No. 9: Análisis de Varianza

F. de V.	G.L.	S.C.	C.M.	F_{cal}	F_{tab} 0,05	0,01	Sig
Tratamiento:	4	0,681	0,170	5,828	3,056	4,893	**
Error	15	0,438	0,029				
Total	19	1,119					
	S =	0,171	$\bar{x}$ =	3,75	C.V.=	4,55	

En el cuadro No. 09, de análisis de varianza para cuatro tiempos de refrigeración en varas de heliconias de 3 brácteas se observa que en la fuente de tratamientos existe diferencia estadística altamente significativa.

El coeficiente de variabilidad de 4,55% es considerado según Calzada Benza como coeficiente excelente, lo que nos indica que el tiempo de vida en florero con cuatro tiempos de refrigeración en varas de heliconias de 3 brácteas dentro de cada tratamiento es muy homogéneo, con un promedio de 14,15 días.

La alta significación estadística nos indica que al menos uno de los tiempos de refrigeración en varas de heliconias de 3 brácteas es estadísticamente diferente, asimismo nos indica que el tiempo de refrigeración en varas de heliconias de 3 brácteas tiene efecto sobre la duración de vida en florero en la *Heliconia psittacorum*.

Cuadro No 10: Prueba de significación de Duncan al 5%

O.M.	Tratamiento	Promedio	Clasificación
1	T2	3,97	A
2	T3	3,93	A
3	T1	3,74	A B
4	T4	3,67	B C
5	T5	3,46	C

En el cuadro No 10, prueba de significación de Duncan al 5% para tiempos de refrigeración en varas de heliconias de 3 brácteas, se observa la presencia de 4 categorías, la categoría A conformada por los tratamientos T2 (Refrigeración de 6 horas) y T3 (Refrigeración de 12 horas); la categoría AB conformada el tratamiento T1 (Refrigeración 0 horas); la categoría BC conformada por el tratamiento T4 (Refrigeración de 18 horas) y la categoría C conformada por el tratamiento T5 (Refrigeración de 24 horas).

C. Tratamiento pos corte (hidratación)

Cuadro No. 11: Análisis de Varianza

F. de V.	G.L.	S.C.	C.M.	F_{cal}	F_{tab} 0,05	0,01	Sig
Tratamiento:	4	0,344	0,086	3,914	3,056	4,893	*
Error	15	0,330	0,022				
Total	19	0,674					
	S = 0,148		$\bar{x}$ = 3,65		C.V.= 4,06		

En el cuadro No. 11, de análisis de varianza para cuatro tiempos de refrigeración en heliconias con tratamiento pos corte (hidratación) se observa que en la fuente de tratamientos existe diferencia estadística significativa.

El coeficiente de variabilidad de 4,06% es considerado según Calzada Benza como coeficiente excelente, lo que nos indica que el tiempo de vida en florero con cuatro tiempos de refrigeración en heliconias con tratamiento pos corte (hidratación) dentro de cada tratamiento es muy homogéneo, con un promedio de 13,35 días.

La significación estadística nos indica que al menos uno de los tiempos de refrigeración en heliconias con tratamiento pos corte (hidratación) es estadísticamente diferente, asimismo nos indica que el tiempo de refrigeración en heliconias con tratamiento pos corte (hidratación) tiene efecto sobre la duración de vida en florero en la *Heliconia psittacorum*.

Cuadro No 12: Prueba de significación de Duncan al 5%

O.M.	Tratamiento	Promedio	Clasificación
1	T2	3,87	A
2	T3	3,67	A B
3	T5	3,64	B
4	T1	3,60	B
5	T4	3,46	B

En el cuadro No 12, prueba de significación de Duncan al 5% para tiempos de refrigeración en heliconias con tratamiento pos corte (hidratación), se observa la presencia de 3 categorías, la categoría A conformada por el tratamiento T2 (Refrigeración de 6 horas); la categoría AB conformada por el tratamiento T3 (Refrigeración de 12 horas) y la categoría B conformada por los tratamientos T5 (Refrigeración de 24 horas), T1 (Refrigeración 0 horas) y T4 (Refrigeración de 18 horas).

4.3. Prueba de hipótesis

La prueba de hipótesis del presente trabajo de investigación, la realizamos a partir de la hipótesis planteada.

Es así que tenemos:

- **Ha:** Al menos uno de los tiempos de refrigeración nos permitirá obtener el tiempo de vida más prolongado en la vida de florero de tallos de dos especies de heliconia (*Heliconia bihai, Heliconia psittacorum*) en condiciones de Selva Alta – Chanchamayo.

- **Ho:** Ninguno de los tiempos de refrigeración nos permitirá obtener el tiempo de vida más prolongado en la vida de florero de tallos de dos especies de heliconia (*Heliconia bihai, Heliconia psittacorum*) en condiciones de Selva Alta – Chanchamayo.

4.3.1 Regla de decisión

Si fc <=ft, se acepta la Ho, y se rechaza la Ha

Si fc > ft, se rechaza la Ho, y se acepta la Ha

4.3.1.1. Prueba de hipótesis para la longitud de vara (30 cm)

Evaluación	CV	f cal	$f_{0.5}$	$f_{0.1}$	Decisión
Tiempo de refrigeración para *Heliconia bihai*	3.23	33.279	3.056	4.893	Se acepta la H_o
Tiempo de refrigeración para *Heliconia psittacorum*	4.70	5.204	3.056	4.893	Se acepta la H_o

4.3.1.2.Prueba de hipótesis para el número de brácteas

Evaluación	CV	f cal	f $_{0.5}$	f $_{0.1}$	Decisión
Tiempo de refrigeración para *Heliconia bihai*	6.56	1.334	3.056	4.893	Se rechaza la H$_a$
Tiempo de refrigeración para *Heliconia psittacorum*	4.55	5.828	3.056	4.893	Se acepta la H$_a$

4.3.1.3.Prueba de hipótesis para el tratamiento post corte

Evaluación	CV	f cal	f $_{0.5}$	f $_{0.1}$	Decisión
Tiempo de refrigeración para *Heliconia bihai*	5.55	6.110	3.056	4.893	Se acepta la H$_a$
Tiempo de refrigeración para *Heliconia psittacorum*	4.06	3.914	3.056	4.893	Se acepta la H$_a$

4.4. Discusión de resultados

En la presente investigación, se evaluó el efecto los tiempos de refrigeración para permitirnos obtener el tiempo de vida más prolongado en la vida de florero de tallos de dos especies de heliconia (*Heliconia bihai, Heliconia psittacorum*) en condiciones de Selva Alta – Chanchamayo. Lamentablemente, al realizar las indagaciones sobre investigaciones sobre este tema para nuestro país, no se ha encontrado reporte de trabajos similares, por lo que no se ha podido comparar nuestros resultados. Sirviendo estos datos, para posteriores investigaciones. Pero al comparar nuestros resultados para las dos variedades de heliconias, podemos determinar que, para la longitud de la vara, se observa que tanto para *Heliconia bihai* así como para *Heliconia psittacorum,* existe diferencia estadística altamente significativa entre los diferentes tiempos de refrigeración para la flor de esta planta, por lo que podemos afirmar que aceptamos la hipótesis alterna y que alguno de los tiempos de refrigeración influye en incrementar el tiempo de vida en florero; y, al realizar prueba de significación de Duncan al 5% para tiempos de refrigeración en 30 cm. de longitud de vara, se observa la presencia de 3 categorías y en la categoría

A (con mayor tiempo de refrigeración) conformada por el tratamiento T5 (Refrigeración de 24 horas) y el T4 (Refrigeración de 18 horas) son los tratamientos que tuvieron mayor tiempo de vida en florero.

Al realizar al análisis de varianza para el número de brácteas de dos especies de heliconia (*Heliconia bihai, Heliconia psittacorum*) observamos que para la *Heliconia bihai* solo existe una diferencia estadística significativa, lo que nos indica que los tiempos de refrigeración influyen en el tiempo de vida de la flor de heliconia, solo para una comparación estadística al 5%, más no para una comparación de los promedios entre los tratamientos al 1%. Sin embargo para la *Heliconia psittacorum* si existe diferencia altamente significativa entre los tratamientos, lo que nos indica que hay diferencia estadística entre los tratamientos para un análisis de varianza al 5 y 1%. Y al realizar la prueba estadística de Tukey al 5%, observamos que, para tiempos de refrigeración en varas de heliconias de 3 brácteas, se observa la presencia de 4 categorías, y la categoría A es la que tiene mayor tiempo de vida para las brácteas, lo conforma en tratamientos T2 (Refrigeración de 6 horas) y T3 (Refrigeración de 12 horas).

Al realizar el ANVA, para el tratamiento pos corte se observa que existe diferencia estadística altamente significativa para la *Heliconia biha,* lo que nos indica que hay diferencia estadística entre los tratamientos para un análisis de varianza al 5 y 1%. Y al realizar la prueba estadística de Tukey al 5%, observamos que, para tiempos de refrigeración en varas de heliconias de 3 brácteas, se observa la presencia de 4 categorías; y, la categoría A con mayor tiempo de vida para la flor de heliconia, le corresponde a los T4 (Refrigeración de 18 horas) y el T5 (Refrigeración de 24 horas); mientras que para la *Heliconia psittacorum* solo existe una diferencia significativa al 5%,

CONCLUSIONES

En la ***Heliconia bihai***, se ha encontrado efecto del tiempo de refrigeración en la **longitud de vara (30 cm)** en la variable duración de vida en florero, en cuyo análisis de varianza se observa diferencia estadística altamente significativa, el cual es confirmado por la prueba de significación de Duncan (0.05) donde se observa que el tratamiento T5 (Refrigeración de 24 horas) y el tratamiento T4 (Refrigeración de 18 horas) ocupan el primer puesto con un promedio de vida en florero de 23 y 22 días respectivamente. No se ha encontrado efecto del tiempo de refrigeración en varas de heliconias de 3 brácteas en la variable duración de vida en florero, en cuyo análisis de varianza se observa diferencia estadística no significativa, sin embargo la prueba de significación de Duncan (0.05) nos muestra que el tratamiento T4 (Refrigeración de 18 horas) ocupa el primer puesto con un promedio de vida en florero de 21 días. Asimismo se ha encontrado efecto del tiempo de refrigeración en heliconias con tratamiento pos corte (hidratación) en la variable duración de vida en florero, en cuyo análisis de varianza se observa diferencia estadística altamente significativa, el cual es confirmado por la prueba de significación de Duncan (0.05) donde se observa que el tratamiento el tratamiento T4 (Refrigeración de 18 horas) y el tratamiento T5 (Refrigeración de 24 horas) y ocupan el primer puesto ambos con un promedio de vida en florero de 21 días.

En la ***Heliconia psittacorum***, se ha encontrado efecto del tiempo de refrigeración en la **longitud de vara (30 cm)** en la variable duración de vida en florero, en cuyo análisis de varianza se observa diferencia estadística altamente significativa, el cual es confirmado por la prueba de significación de Duncan (0.05) donde se observa que el tratamiento T2 (Refrigeración de 6 horas) ocupa el primer puesto con un promedio de vida en florero de 17,75 días. Asimismo, se ha encontrado efecto del tiempo de refrigeración en varas de heliconias de 3 brácteas en la variable duración de vida en florero, en cuyo análisis de varianza se observa diferencia estadística altamente significativa, el cual es confirmado por la prueba de significación de Duncan (0.05) donde nos muestra que los tratamientos T2 (Refrigeración de 6 horas) y el tratamiento T3 (Refrigeración de 12 horas) ocupan el primer puesto ambos con un promedio de vida en florero de 15,75 y 15,50 días respectivamente. Asimismo se ha encontrado efecto del tiempo de refrigeración en heliconias con tratamiento pos corte (hidratación) en la variable duración de vida en florero, en cuyo análisis de varianza se observa diferencia estadística altamente significativa, el cual es confirmado por la prueba de significación de Duncan (0.05) donde se observa que el tratamiento T2 (Refrigeración de 6 horas) ocupa el primer puesto con un promedio de vida en florero de 15 días.

RECOMENDACIONES

1. Continuar con trabajos de investigación buscando alargar la vida de las heliconias en florero.

2. Promover la refrigeración por 18 horas para la *Heliconias bihai* y de 6 horas para la *Heliconia psittacorum* para varas florales de 30 cm. con la que se obtiene un máximo de 21 y 17,75 días de vida en florero respectivamente.

3. Promover la refrigeración por 24 horas para la *Heliconias bihai* y de 6 horas para la *Heliconia psittacorum* para varas florales con 3 brácteas con la que se obtiene un máximo de 23 y 15,75 días de vida en florero respectivamente.

4. Promover la refrigeración por 18 horas para la *Heliconias bihai* y de 6 horas para la *Heliconia psittacorum* para varas florales con tratamiento pos corte (hidratación) con la que se obtiene un máximo de 21 y 15 días de vida en florero respectivamente.

5. Realizar transferencia tecnológica a los productores de heliconias con base en los trabajos de investigación realizados.

BIBLIOGRAFIA

ABALO, J. y MORALES, L. 1982. Veinticinco heliconias nuevas de Colombia. Phytología.

AIMONE, T. 1986. Culture notes: heliconia. Grower Talks.

ATEHORTÚA, L.1998. Aves del paraíso, strelitzia, gingers Alpinia y heliconias. Ediciones Hortitecnia.

BELALCAZAR, S. L. 1991. El cultivo del plátano (*Musa* AAB Simmonds) en el trópico. Eds. Silvio Belalcazar, J. Toro y R. Jaramillo. Armería, Colombia. 200 p.

BENÍTEZ-DOMÍNGUEZ, E.C, GÓMEZ-MERINO; L.I TREJO-TÉLLEZ; A. ROBLEDO-PAZ. 2009. Escarificación y germinación IN VITRO de semillas de Heliconia. 20, Cartel. *In.* López-collado, J; García- García; C.G; Nava-Tablada, M.E; García-Albarado, J.C. (Editores). Memorias del XII Congreso Nacional y V Internacional de Horticultura Ornamental. 18 al 24 de Octubre de 2009. Córdoba, Veracruz, México.

BETANCUR, J. y KREES, W. 1993. Distribución natural de las heliconias de Colombia. En memorias del primer seminario nacional de heliconias y plantas afines. Manizales.

BROSCHAT, T. K. y DONSELMAN, H. M. 1983. Production and postharvest culture of *Heliconia psittacorum* flowers in South Florida. *Proc. Fla. State Hort. Soc.*, vol. 96, p. 272-273.

BROSCHAT, T. K.; DONSELMAN, H. M. y WILL, A. A. 1984. 'Andromeda' and 'Golden Torch' heliconias. *HortScience*, vol. 19, p. 736-737.

CASTAÑEDA, O. y PASTELIN, M. 2001. Germinación in vitro de heliconias (Collinsiana griggs Var Colliana). Teconología forestal y agropecuaria. Veracruz, Mexico.

CENTRE FOR THE PROMOTION OF DEVELOPING COUNTRIES. 2002. Cut flowers and foliage. En: www. Intracen.org. 2002.

CRILEY, R. A. 1988. Propagation of tropical cut flowers: Strelitzia, Alpinia and Heliconia. *Acta Horticulturae*, vol. 226, p. 509-517.

CRILEY, R. A. 1989. Development of Heliconia and Alpinia in Hawaii: cultivar selection and culture. *Acta Horticulturae,* 1989, vol. 246, p. 247-258.

CRILEY, R. A. 1991. Commercial Production of Heliconias. En: "Heliconia: An Identification Guide". (F. Berry and W. J. Kress, ed.): 321-330. Smithsonian Institution Press, Washington.

CRONQUIST, A. 1988. The evolution and classification of flowering plants. Seconds Edition. USA.

DIAZ, M. 2006. Diagnóstico de la cadena productiva de heliconias y follajes en los departamentos del eje cafetalero y Valle del Cauca (Colombia). Programa de facilitación del biocomercio. UNCTAD.

DONSELMAN, H. y BROSCHAT, T. K. 1986. Production of *Heliconia psittacorum* for cut flowers in South Florida. *Bul. Heliconia Soc. Intl.,* vol. 1, no. 4, p. 4-6.

GÓMEZ-MERINO, VIDAL-MORALES, SOLÍS-TLAZALO, BENÍTEZ-DOMÍNGUEZ, TREJO-TÉLLEZ, GARCÍA- ALBARADO, CASTAÑEDA-CASTRO.2009. Germinación IN VITRO de embriones de 7 especies de Heliconias. 11, Cartel. *In.* López-collado, J; García- García; C.G; Nava-Tablada, M.E; García-Albarado, J.C. (Editores). Memorias del XII Congreso Nacional y V Internacional de Horticultura Ornamental. 18 al 24 de Octubre de 2009. Córdoba, Veracruz, México.

HOYOS, J. 1999. Plantas tropicales ornamentales de tallo herbáceo. Sociedad de Ciencias naturales. La Salle Monografía N° 46. Caracas.

JEREZ, E. 2007. El cultivo de las Heliconias. Cultivos Tropicales. vol. 28, no. 1, p. 29-35.

JEREZ, E. 2007. Revisión bibliográfica. El cultivo de las heliconias. Cultivos tropicales. Vol. 28, no. 1.

KRESS, W. 1985. An introduction to the taxonomy and clasifi cation of heliconia bull Heliconia SOC Int.

KRESS, W. 1998. Bat pollination of an old world Heliconia. Biotropica 17: 302-308.

LALRINAWANI, T. M. C. 2000. Effect of spacing and size of rhizome on the flower production of Heliconia (*Heliconia psittacorum* L.). *J. Agric. Sci. Soc. North East India*, vol. 13, p. 48-51.

LEKAWATANA, S. y CRILEY, R. A. 1989. Pot culture of *Heliconia stricta* 'Dwarf Jamaican'. *Acta-Horticulturae,* 1989, vol. 252, p. 123-128.

LUIS, J., BENEVIDES, M., DA SILVA, A., ASSUNCAO, R., ELESBAO, R. 2004. Heliconia: Descripción, cosecha y pos cosecha. Empresa Brasileira de Pesquisa Agropecuaria - EMBRAPA. Fortaleza, Brasil.

MAZA, V. y BUILES, J. 2000. Heliconias de Antioquia guía de identificación y cultivo. Ed. Gráficas Ltda. Medellín.

OSPINA, J. y PIÑEROS, J. 2006. Desarrollo de un modelo productivo de heliconias (Género Zengiberales) para la zona cafetalera de Caldas. Universidad de La Salle, Facultad de Administración de Empresas Agropecuarias. Bogotá, Colombia.

PÉREZ PONCE, J. N. 1998. *Propagación y Mejora genética de Plantas por Biotecnología*. Instituto de Biotecnología de las Plantas. Villa Clara. Cuba.

PROEXPORT. 2002. Exportaciones de Colombia.

RIOS, M. 2006. Entrevista con Exporta Perú. Loreto.

ROCA, W. M. & MROGINSKI, L. A. 1991. *Cultivo de Tejidos en la Agricultura: Fundamentos y Aplicaciones*. CIAT (Centro Internacional de Agricultura Tropical). Cali. Colombia.

SALDAÑA y HERNÁNDEZ, M. I. 2004. Heliconias: Belleza y Alternativa Económica para Tabasco. Consejo de ciencia y tecnología del estado de Tabasco.

SOSA, F. 2004. Propagación *"in Vitro"* de *heliconia Standleyi* Mcbride en Cuba. CETAS Universidad de Cienfuegos. Cienfuegos, Cuba.

SOSOF, J. 2006. Estudio de la variabilidad de cultivares nativos de flores del género Heliconia (Heliconiaceae) provenientes de la región Suroccidental de Guatemala". Universidad de San Carlos de Guatemala.

TURRIAGO K. y FLOREZ V. 2008. Heliconias Flores exóticas de Colombia. Facultad de Agronomía, Universidad Nacional de Colombia, Sede Bogotá.

USAID, 2007. Actividad rural competitiva. Flores tropicales para la exportación: preparación y envío de muestras de flores tropicales Buenos Aires Argentina.

VELASCO, J. I. 2007. Heliconias para flor cortada: una especie nueva en el catálogo de la floricultura mexicana. Teorema ambiental, revista técnico-ambiental. Mexico.

VILLALOBOS, A. 2003. El cultivo de plantas ornamentales tropicales. Gobierno de Villahermosa, Tabasco.

ANEXOS

Matriz de consistencia

" Efecto de cuatro tiempos de refrigeración en la vida de florero de tallos de dos especies de heliconia (*heliconiabihai,heliconia psittacorum*) en Condiciones de Selva – Chanchamayo"

Problema	Objetivos	Hipótesis	Variables	Indicadores
Principal	**General**	**General**	**Independiente**	
¿Cuál es el efecto de cuatro tiempos de refrigeración en la vida de florero de tallos de dos especies de heliconia (*Heliconia bihai, Heliconia psittacorum*) en condiciones de Selva Alta - Chanchamayo?	Evaluar el efecto de cuatro tiempos de refrigeración en la vida de florero de tallos de dos especies de heliconia (*Heliconia bihai, Heliconia psittacorum*) en condiciones de Selva Alta – Chanchamayo.	Al menos uno de los tiempos de refrigeración nos permitirá obtener el tiempo de vida más prolongado en la vida de florero de tallos de dos especies de heliconia (*Heliconia bihai, Heliconia psittacorum*) en condiciones de Selva Alta – Chanchamayo	Tiempos de refrigeración	T1: Refrigeración 0 horas T2: Refrigeración de 6 horas T3: Refrigeración de 12 horas T4: Refrigeración de 18 horas T5: Refrigeración de 24 horas
Específicos	**Específicos**		**Dependiente**	
Alguno de los tiempos de refrigeración influye en el tiempo de vida en florero de los tallos de *Heliconia bihai*. Alguno de los tiempos de refrigeración influye en el edtiempo de vida en florero de los tallos de *Heliconia psittacorum*.	- Evaluar el tiempo de vida en florero de los tallos de *Heliconia bihai*. - Evaluar el tiempo de vida en florero de los	Al menos uno de los tiempos de refrigeración nos permitirá obtener más tiempo de vida en florero de los tallos de *Heliconia bihai*. Al menos uno de los tiempos de refrigeración nos permitirá obtener el tiempo de vida más prolongado *Heliconia psittacorum*.	Tiempo de vida en florero de las heliconias	Longitud de vara floral Numero de brácteas Tratamiento post corte

Instrumentos de recolección de datos.

Variable	Definición	Indicadores	Técnicas e instrumentos
Variable Independiente	Tiempos de refrigeración	- T1: Refrigeración 0 horas - T2: Refrigeración de 6 horas - T3: Refrigeración de 12 horas - T4: Refrigeración de 18 horas - T5: Refrigeración de 24 horas	Control de tiempos
Variable Dependiente	Tiempos de vida en florero de las heliconias	- Longitud de vara floral	Observación directa
		- Numero de brácteas	Observación directa
		Tratamiento post corte	Observación directa

Foto N° 1. Heliconias sometidas a tratamiento en refrigeración

Foto N° 2. Instalación de las flores en florero

Foto N° 3. Evaluación de la duración de vida en florero

Foto N° 4. Flores muertas en florero

Printed by Books on Demand GmbH, Norderstedt / Germany